Terremoti: Genesi, Cause e Probabilità

Questo libro è un'esplorazione approfondita dei terremoti, concentrandosi sulla loro genesi, le cause sottostanti e le probabilità associate a questi eventi sismici. I terremoti sono uno dei fenomeni naturali più misteriosi e pericolosi sulla Terra, e questo indice ti guiderà attraverso una vasta gamma di argomenti legati a questo argomento affascinante e vitale.

4

Indice:

Capitolo 1:

Introduzione ai Terremoti
Pag.10

- Definizione di un terremoto
- Importanza dello studio dei terremoti
- Storia dei terremoti e loro impatto sulla società

Capitolo 2:   **Pag.22**

Tettonica delle Placche

- Teoria della tettonica delle placche
- Margini convergenti, divergenti e trasformi
- Legame tra placche tettoniche e terremoti

Capitolo 3:

Genesi di un Terremoto   **Pag.32**

- Ciclo sismico
- Processo di accumulo di stress
- Rottura della faglia e scossa sismica
- Classificazione di terremoti

Capitolo 4:

Cause dei Terremoti **Pag.50**

- Terremoti tettonici
- Terremoti vulcanici
- Terremoti indotti dall'uomo

Capitolo 5: **Pag.64**

Monitoraggio e Previsione dei Terremoti

Strumenti e tecnologie di monitoraggio sismico

- Metodi di previsione dei terremoti
- Limiti nella previsione sismica

Capitolo 6:

Probabilità e Rischi Sismici   Pag.82

- Valutazione del rischio sismico
- Costruzioni resistenti ai terremoti
- Pianificazione di emergenza e preparazione

Capitolo 7: Studio di Casi   Pag.99

- Terremoti storici famosi
- Terremoti recenti e il loro impatto

Capitolo 8: Futuro della Ricerca sui Terremoti   Pag.106

- Le sfide future nello studio dei terremoti
- Innovazioni nella prevenzione sismica
- Ruolo della ricerca scientifica nel mitigare i rischi sismici

Capitolo 9: Conclusioni   Pag.119

- Sintesi dei principali punti trattati nel libro
- Riflessioni sull'importanza di comprendere i terremoti

Glossario   **Pag.128**

- Definizioni chiave e termini tecnici

Bibliografia   **Pag.132**

- Riferimenti a fonti primarie e secondarie utilizzate per la ricerca

Introduzione

La Terra è un pianeta dinamico, costantemente in movimento. E tra le molte manifestazioni di questa attività, poche sono tanto straordinarie e, allo stesso tempo, spaventose quanto i terremoti. Questi eventi sismici possono scuotere il terreno sotto i nostri piedi in un istante, scatenando forze che sfidano la nostra comprensione e, in alcuni casi, la nostra capacità di sopravvivere. Ma cosa sono i terremoti? Da dove vengono? Cosa li causa? E quanto possiamo fare per prevederli o proteggerci da essi?

Questo libro è un viaggio nel cuore di uno dei fenomeni naturali più complessi e devastanti del nostro pianeta. Scopriremo insieme la genesi dei terremoti, esaminando come si formano e si scatenano queste forze incredibili. Esploreremo le cause sottostanti, dalle tensioni delle placche tettoniche alle eruzioni vulcaniche e persino agli eventi sismici causati dall'attività umana.

Non ci limiteremo a una semplice indagine scientifica, ma ci spingeremo oltre, esaminando anche le probabilità associate ai terremoti. La probabilità che colpiscano, la probabilità che abbiano un impatto distruttivo e la probabilità che possiamo prevederli con anticipo.

L'obiettivo di questo libro non è solo fornire informazioni scientifiche dettagliate, ma anche sensibilizzare sulle sfide che i terremoti rappresentano per le comunità di tutto il mondo. Esploreremo le misure che possono essere adottate per mitigare il rischio sismico e per prepararsi a possibili eventi sismici, in modo che chi legge possa avere una comprensione più chiara di come proteggere se stesso, la sua famiglia e la sua comunità.

I terremoti possono essere distruttivi, ma la conoscenza è un potente alleato nella nostra lotta per la sopravvivenza e la resilienza. Intraprendiamo dunque questo viaggio nella scienza, nell'ingegneria, nella storia e nelle sfide del mondo sismico. Speriamo che alla fine avrai una comprensione più profonda dei terremoti e del nostro rapporto con essi. E, forse, scoprirai anche un senso di ammirazione per la maestosità e la complessità del nostro pianeta, che continua a sorprenderci con la sua forza inarrestabile.

Capitolo 1 Introduzione ai terremoti

Definizione di un terremoto

Un terremoto, noto anche come sisma o scossa tellurica, è un fenomeno naturale che si verifica quando vi è una rapida liberazione di energia accumulata sotto la superficie terrestre. Questa liberazione di energia provoca vibrazioni o onde sismiche che si propagano attraverso la crosta terrestre e possono causare movimenti improvvisi e violenti del terreno. Gli effetti di un terremoto possono variare notevolmente in intensità, da scosse deboli e impercettibili a scosse estremamente distruttive in grado di causare danni significativi alle strutture e mettere a rischio la vita umana.

I terremoti sono generalmente causati da uno o più dei seguenti fattori:

1. **Tettonica delle placche:** La causa principale dei terremoti è la spinta delle placche tettoniche che compongono la crosta terrestre. Quando queste placche si muovono, si accumulano tensioni lungo i margini delle placche e all'interno di esse. Quando queste tensioni

superano la resistenza delle rocce, si verifica una rottura improvvisa, generando un terremoto.

2. **Attività vulcanica:** Alcuni terremoti sono causati dall'attività vulcanica. L'ascesa del magma all'interno di un vulcano può provocare la rottura delle rocce circostanti e generare scosse sismiche.

3. **Attività umana:** In alcuni casi, le attività umane come l'estrazione mineraria, l'iniezione di fluidi nel sottosuolo o la costruzione di dighe possono innescare terremoti, noti come terremoti indotti dall'uomo.

I terremoti possono avere effetti devastanti sulla vita umana, sull'ambiente e sull'infrastruttura. La misurazione dell'intensità di un terremoto viene spesso effettuata utilizzando la scala di magnitudo Richter o la scala di magnitudo momento sismico (Mw). La scala Richter misura l'energia liberata, mentre la magnitudo momento sismico misura la resistenza delle rocce fratturate e la dimensione complessiva del terremoto.

La comprensione dei terremoti è essenziale per la protezione delle persone e delle proprietà in aree sismiche. Gli studi scientifici, l'ingegneria sismica e i piani di emergenza sono importanti strumenti per affrontare il rischio sismico e ridurre gli impatti negativi dei terremoti.

Importanza dello studio dei terremoti

Lo studio dei terremoti riveste un'importanza fondamentale per diverse ragioni, tra cui la protezione delle vite umane, la salvaguardia delle strutture e dell'ambiente e la comprensione dei processi geologici. Ecco alcune delle principali ragioni per cui lo studio dei terremoti è così significativo:

1. **Protezione delle Vite Umane:** i terremoti possono causare gravi danni e perdite di vite umane. La comprensione delle scienze sismiche, dell'ingegneria sismica e della previsione dei terremoti consente di sviluppare sistemi di allerta precoce e piani di emergenza, riducendo così il rischio per la popolazione. Le informazioni raccolte attraverso lo studio dei terremoti possono aiutare le persone a prepararsi a situazioni di emergenza e a reagire in modo più efficace in caso di un evento sismico.

2. **Protezione delle Infrastrutture:** Gli edifici, i ponti, le dighe, le strade e altre infrastrutture possono subire danni significativi a causa dei terremoti. La conoscenza dei comportamenti strutturali in situazioni sismiche può contribuire a progettare e costruire infrastrutture più resistenti ai terremoti, riducendo così i danni materiali e i costi di riparazione.

3. **Riduzione del Rischio Sismico:** Lo studio dei terremoti permette di identificare le zone sismiche e valutare il rischio sismico in determinate regioni. Queste informazioni sono cruciali per la pianificazione urbana, la zonizzazione sismica e la definizione di normative edilizie mirate a garantire la sicurezza delle strutture e delle popolazioni.

4. **Comprendere i Processi Geologici:** Lo studio dei terremoti contribuisce alla nostra comprensione della geologia della Terra. Ciò ci aiuta a comprendere meglio i processi geologici, come la tettonica delle placche, che sono alla base della formazione dei terremoti. Questa conoscenza ha implicazioni che vanno ben oltre la sismologia, influenzando la ricerca in altre discipline scientifiche.

5. **Ricerca Scientifica:** Lo studio dei terremoti costituisce una parte

essenziale della ricerca scientifica. Fornisce dati preziosi per la comprensione dei meccanismi sismici, la propagazione delle onde sismiche e altri fenomeni geologici. La ricerca sismica contribuisce anche a migliorare i modelli sismici e le capacità di previsione.

6. **Mitigazione del Cambiamento Climatico:** La sismologia è collegata anche alla mitigazione del cambiamento climatico. Ad esempio, la produzione di energia geotermica, basata sull'energia proveniente dal calore interno della Terra, può contribuire a ridurre le emissioni di gas serra.

In sintesi, lo studio dei terremoti è essenziale per la sicurezza delle persone e per la riduzione del rischio sismico. Contribuisce alla ricerca scientifica, alla progettazione di infrastrutture più sicure e alla preparazione delle comunità per far fronte agli eventi sismici. La sismologia è un campo in costante evoluzione che continua a migliorare la nostra capacità di comprendere, prevedere ed affrontare gli impatti dei terremoti sulla società.

Storia dei terremoti e loro impatto sulla società

La storia dei terremoti e il loro impatto sulla società sono intrinsecamente legati, poiché i terremoti hanno avuto un impatto significativo sulla vita umana e sullo sviluppo delle comunità in tutto il mondo. Di seguito, sono descritti alcuni punti chiave nella storia dei terremoti e il loro impatto sulla società:

1. **Antichità:** Gli antichi popoli di tutto il mondo hanno registrato eventi sismici e le loro conseguenze. Ad esempio, in Grecia, gli antichi scrittori come Erodoto e Aristotele

hanno documentato terremoti noti come il "terremoto del mare di Eubea" nel 373 a.c. Questi eventi spesso erano interpretati come manifestazioni della rabbia degli dei o come segni di eventi futuri.

2. **Esempi storici:** Nel 365 d.C., un terremoto devastante colpì la città di Creta e le regioni circostanti, causando gravi danni. Nel 1755, il "terremoto di Lisbona" in Portogallo scosse la città e provocò un maremoto, causando una notevole perdita di vite umane e innescando discussioni sulla teodicea e la filosofia morale.

3. **Pompei e Ercolano:** Nel 79 d.C., l'eruzione del Vesuvio ha distrutto le città di Pompei ed Ercolano in Italia. Questi eventi hanno dimostrato l'interazione complessa tra vulcani ed eventi sismici e hanno fornito preziose informazioni archeologiche sulla vita nell'antica Roma.

4. **Terremoti nell'Asia orientale:** La Cina è stata storicamente soggetta a terremoti significativi. Il terremoto di Tangshan nel 1976 ha causato una devastazione enorme con perdite di vite umane stimate in centinaia di migliaia. La Cina ha una lunga storia di registrazioni sismiche e di utilizzo di misure di costruzione sismica.

5. **Illuminismo e scienza:** Durante il periodo dell'Illuminismo, l'interesse per la scienza e l'osservazione sistematica dei terremoti cominciò a prevalere. Questo ha portato a una maggiore comprensione delle cause dei terremoti e alla nascita della sismologia come disciplina scientifica.

6. **Terremoti nell'America coloniale:** Nel 1755, un terremoto noto come il "terremoto di Lisbona" ha colpito la città di Lisbona, in Portogallo,

causando distruzione e un notevole impatto filosofico e religioso. Questo terremoto ha innescato discussioni sulla teodicea e il problema del male nel mondo.

7. **Terremoti moderni:** Nel corso del XX secolo, terremoti significativi hanno avuto un impatto su comunità in tutto il mondo. Ad esempio, il terremoto di San Francisco del 1906 e il terremoto di Kobe in Giappone del 1995 hanno evidenziato l'importanza della progettazione sismica nelle aree a rischio.

8. **Scoperte scientifiche:** Nel corso del tempo, gli scienziati hanno compreso meglio le cause dei terremoti attraverso la teoria della tettonica delle placche. Questa teoria spiega come le placche tettoniche interagiscono e come le tensioni accumulate possono portare a terremoti.

9. **Impatto contemporaneo:** i terremoti continueranno a

influenzare la società in futuro. Gli sforzi di prevenzione, la progettazione sismica avanzata e la preparazione alle situazioni di emergenza sono diventati parte integrante della gestione del rischio sismico nelle comunità in tutto il mondo.

I terremoti hanno profondamente influenzato la storia dell'umanità e hanno portato a importanti cambiamenti nelle pratiche di costruzione, nella progettazione delle città e nella comprensione scientifica dei fenomeni sismici. La loro presenza costante nella storia ci ricorda la necessità di una preparazione continua per far fronte al rischio sismico e alla protezione delle vite umane e delle proprietà. In sintesi, la storia dei terremoti è una narrazione complessa che attraversa millenni e riflette sia l'impatto devastante che i terremoti possono avere sulla società, sia il progresso nella comprensione scientifica e nella preparazione per questi eventi. La storia continua a insegnarci che la consapevolezza, la preparazione e la scienza sono strumenti fondamentali per affrontare e ridurre gli impatti dei terremoti sulla vita umana e sull'ambiente.

Capitolo 2 Tettonica delle Placche

Teoria della tettonica delle placche

La Teoria della Tettonica delle Placche è un modello scientifico fondamentale che spiega la dinamica e la struttura della superficie terrestre. Questa teoria è un pilastro della geologia moderna e spiega come le masse continentali e oceaniche sulla Terra siano in costante movimento. La Teoria della Tettonica delle Placche è stata sviluppata nel corso del XX secolo ed è supportata da una vasta gamma di prove geologiche, geofisiche e geochimiche.

Il legame tra le placche tettoniche e i terremoti è fondamentale per la comprensione dei fenomeni sismici sulla Terra. Le placche tettoniche sono enormi frammenti rigidi della crosta terrestre che galleggiano sulla viscida astenosfera, un livello semiliquido del mantello superiore. Queste placche sono in continuo movimento a causa delle forze che agiscono sulla Terra. Questo movimento delle placche è responsabile della generazione di terremoti. Ecco come funziona il legame tra placche tettoniche e terremoti:

Principi fondamentali della Teoria della Tettonica delle Placche:

1. **L'Earth's Crust (Crosta Terrestre):** La Terra è composta da tre strati principali: la crosta terrestre, il mantello e il nucleo. La crosta terrestre è lo strato più sottile e rigido che costituisce la superficie terrestre. È suddivisa in due tipi di

crosta: la crosta continentale (più spessa e meno densa) e la crosta oceanica (più sottile e più densa).

2. **Placche Tettoniche:** Secondo la Teoria delle Placche, la crosta terrestre è divisa in una serie di grandi frammenti chiamati placche tettoniche. Queste placche galleggiano sulla viscida astenosfera, uno strato semi-fluido del mantello superiore. Ogni placca è costituita da una combinazione di crosta continentale e/o oceanica.

3. **Movimento delle Placche:** Le placche tettoniche sono in movimento costante. Questo movimento è alimentato da tre principali processi: la divergenza, la convergenza e lo scorrimento laterale (trasformazione). Le placche si allontanano l'una dall'altra nelle zone di divergenza, si scontrano nelle zone di convergenza e strisciano l'una accanto all'altra nelle zone di trasformazione.

4. **Fenomeni associati:** I bordi delle placche sono spesso associati a fenomeni geologici come catene montuose, fossati oceanici, vulcani e terremoti. Ad esempio, molte catene montuose, tra cui l'Himalaya, si sono formate a causa della collisione tra placche continentali.

Evidenze a supporto della Teoria delle Placche:

La Teoria della Tettonica delle Placche è supportata da numerose prove, tra cui:

- Dati GPS che confermano il movimento delle placche.
- Distribuzione dei terremoti e dei vulcani lungo i margini delle placche.
- La corrispondenza tra i fossili trovati su continenti separati.
- La similitudine delle sequenze geologiche su entrambi i lati dell'Atlantico, suggerendo la deriva dei continenti.

Implicazioni della Teoria delle Placche:

Questa teoria ha profonde implicazioni in molti campi, inclusi:

- Progettazione sismica e ingegneria civile per costruire strutture resistenti ai terremoti.
- Comprendere l'evoluzione del paesaggio terrestre e la formazione delle catene montuose.
- Studio dell'attività vulcanica e dei vulcani.
- Predizione dei terremoti e delle eruzioni vulcaniche in alcune circostanze.
- Comprendere i cambiamenti climatici e gli effetti sulla distribuzione dei continenti.

In sintesi, la Teoria della Tettonica delle Placche spiega in modo convincente il dinamismo della superficie terrestre e fornisce una base solida per la comprensione di una vasta gamma di fenomeni geologici e geofisici.

Margini convergenti, divergenti e trasformi

1. **Confini delle placche:** Gran parte dell'attività sismica sulla Terra si verifica lungo i margini delle placche tettoniche, noti come "bordi delle placche". Ci sono tre tipi principali di confini di placca: convergenti, divergenti e trasformi. Ogni tipo di confine è associato a diversi tipi di tensioni e deformazioni nella crosta terrestre.

1. **Margini Convergenti:**
   - Caratteristiche: Ai margini convergenti, due placche tettoniche si muovono l'una verso l'altra. Questo

movimento può comportare una placca oceanica che si spinge sotto una placca continentale (subduzione), due placche continentali che si scontrano o una placca oceanica che si scontra con un'altra placca oceanica. La collisione o la subduzione generano forti pressioni e tensioni.

- Conseguenze geologiche: I margini convergenti spesso sono associati a eventi sismici significativi, vulcani e catene montuose. La subduzione dell'oceano sottostante una placca continentale può portare alla formazione di fossati oceanici profondi e vulcani. La collisione tra due placche continentali può portare alla formazione di catene montuose imponenti, come l'Himalaya.

2. Margini Divergenti:

- Caratteristiche: Ai margini divergenti, due placche tettoniche si allontanano l'una dall'altra. Questo movimento è spesso osservato lungo i fondali oceanici, dove il magma sale dalla mantovana, crea nuova crosta oceanica e spinge le due placche ad allontanarsi. Questo processo è noto come espansione dell'area.

- Conseguenze geologiche: I margini divergenti possono portare alla formazione di dorsali oceaniche, dove si generano nuovi fondali oceanici. Queste dorsali possono essere accompagnate da attività vulcanica sottomarina. Gli esempi includono la Dorsale Mesoatlantica e la Dorsale dell'Est del Pacifico. Nei continenti, i margini divergenti possono causare la formazione di fessure continentali e bacini rift, preparando il terreno per la possibile divisione di un continente.

3. **Margini Trasformi (o Trasformi):**
   - Caratteristiche: Ai margini trasformi, due placche tettoniche scorrono lateralmente una rispetto all'altra. Questo movimento avviene lungo faglie trasformi, che sono grandi fratture lungo le quali le placche scorrono in direzioni opposte o in direzioni parallele ma con velocità differenti.
   - Conseguenze geologiche: I margini trasformi sono spesso associati a forti terremoti a causa dello stress accumulato lungo le faglie. Tuttavia, in genere non ci sono vulcani associati ai margini trasformi.

Un esempio ben noto è la Faglia di San Andreas in California, dove la placca pacifica scorre lateralmente rispetto alla placca nordamericana.

In sintesi, i margini convergenti portano a collisioni o subduzione, i margini divergenti causano l'allontanamento delle placche e la creazione di nuova crosta, mentre i margini trasformi sono associati a movimenti laterali lungo faglie. Questi tipi di confini tra le placche contribuiscono in modo significativo alla dinamica della crosta terrestre e ai fenomeni geologici associati.

Riassumendo:

In generale, i terremoti sono causati da una rottura improvvisa di rocce lungo faglie o piani di frattura a causa delle tensioni accumulate a seguito del movimento delle placche. Questa rottura rilascia energia in forma di onde sismiche che si propagano attraverso la crosta terrestre, causando le scosse sismiche che percepisce come terremoti.

Quindi, il legame tra le placche tettoniche e i terremoti è diretto: i movimenti delle placche generano tensioni, accumulano energia e alla fine portano a terremoti quando questa energia viene rilasciata. Questo legame è fondamentale per la sismologia e la comprensione dei terremoti sulla Terra.

Capitolo 3: Genesi di un Terremoto

La genesi di un terremoto è un processo complesso che coinvolge una serie di fenomeni geologici e fisici. In generale, i terremoti, come abbiamo detto, si verificano a causa della liberazione improvvisa di energia accumulata all'interno della crosta terrestre. Questo processo può essere suddiviso in diverse fasi:

1. **Accumulo di tensione:** All'interno della crosta terrestre, le placche tettoniche si muovono in modi diversi. Quando due placche entrano in contatto o si sfregano l'una contro l'altra lungo un margine di placca (ad esempio, un margine convergente o trasformato), le rocce lungo il confine subiscono pressioni e tensioni. Queste tensioni si accumulano nel corso del tempo a causa del movimento lento delle placche.

2. **Rottura improvvisa:** Quando le tensioni accumulate superano la resistenza delle rocce lungo una faglia o un piano di frattura, si verifica una rottura improvvisa. Questa rottura può verificarsi lungo la faglia stessa o all'interno della

crosta terrestre. Quando le rocce si rompono, la liberazione di energia avviene sotto forma di onde sismiche.

3. **Onde sismiche:** L'energia liberata durante la rottura delle rocce si propaga sotto forma di onde sismiche attraverso la Terra. Queste onde sismiche possono essere di due tipi principali: onde P (primarie) e onde S (secondarie). Le onde P sono onde longitudinali che si propagano più velocemente e attraversano materiali solidi e fluidi. Le onde S sono onde trasversali che si propagano più lentamente e non possono attraversare i fluidi. La combinazione di queste onde sismiche è ciò che percepisce come una scossa sismica.

4. **Faglia sismogenica:** La faglia o il piano di frattura lungo i quali avviene la rottura è noto come "faglia sismogenica". Questa è l'area in cui si verifica la massima attività

sismica. Le dimensioni e la profondità della faglia possono variare notevolmente.

5. **Magnitudo e intensità:** Gli scienziati misurano l'intensità di un terremoto utilizzando la scala di magnitudo Richter o altre scale di magnitudo. Queste misurazioni forniscono informazioni sulla quantità di energia rilasciata durante il terremoto. L'intensità di un terremoto, d'altra parte, descrive gli effetti del terremoto sulla superficie terrestre e sulle persone.

6. **Replikazione:** Dopo un terremoto principale, possono verificarsi scosse di assestamento, note come "replikazioni", che sono terremoti di minore intensità ma spesso ancora significativi. Queste scosse possono continuare per giorni, settimane o persino mesi dopo il terremoto principale.

La genesi di un terremoto è un processo naturale che è il risultato dell'attività geologica a lungo termine della Terra. Questi eventi possono avere impatti significativi sulla vita umana e sull'ambiente, motivo per cui la sismologia è una disciplina chiave per la comprensione, la previsione e la mitigazione dei terremoti.

Ciclo sismico

Il ciclo sismico rappresenta una serie di fasi o eventi che si verificano in una regione sismica durante un periodo di tempo significativo, spesso comprendendo numerosi terremoti. Questo concetto aiuta a comprendere meglio il comportamento sismico di un'area specifica. Il ciclo sismico è una sequenza continua di processi, e le fasi principali includono:

1. **Accumulo di Tensione:** Questa fase inizia subito dopo un terremoto quando la rottura della faglia rilascia energia. Tuttavia, il terreno circostante conserva tensioni residue, spesso causate dalle forze tettoniche regionali. Durante questo periodo, le rocce si deformano gradualmente e accumulano tensione, spesso attraverso il movimento lento delle placche tettoniche.

2. **Rottura Imminente:** Con il passare del tempo, la tensione accumulata all'interno delle rocce supera la resistenza delle rocce stesse e delle strutture geologiche circostanti. Quando questa tensione raggiunge un livello critico, le rocce sono pronte a subire una rottura improvvisa.

3. **Terremoto Principale:** Questa è la fase in cui avviene il terremoto principale. La liberazione improvvisa dell'energia accumulata provoca una

rottura lungo una faglia sismogenica. L'energia viene rilasciata sotto forma di onde sismiche che si propagano attraverso la Terra, causando le scosse sismiche.

4. **Fase Post-terremoto:** Dopo il terremoto principale, vi è un periodo di instabilità e ulteriori scosse sismiche, note come "replikazioni" o "dopo scosse". Queste scosse rappresentano il sistema geologico che si adatta alla nuova situazione dopo la rottura iniziale. Questa fase può durare da ore a decenni.

5. **Periodo di Quiescenza:** Dopo le scosse sismiche successive al terremoto principale, la regione può entrare in un periodo di quiescenza sismica in cui il movimento delle placche tettoniche rallenta e le tensioni si accumulano nuovamente. Questa fase può durare decenni o persino secoli.

6. **Ripetizione del Ciclo:** Una volta che le tensioni si accumulano a un punto

critico, il ciclo sismico ricomincia con l'accumulo di tensione, seguito da una nuova rottura improvvisa e un nuovo terremoto principale.

È importante notare che la durata delle fasi del ciclo sismico può variare notevolmente a seconda della regione geografica e delle condizioni locali. Alcune regioni possono sperimentare cicli sismici molto più rapidi, mentre altre possono avere cicli più lunghi. La comprensione del ciclo sismico è essenziale per la sismologia e la pianificazione della sicurezza sismica, poiché consente di prevedere, monitorare e mitigare il rischio sismico in determinate aree.

Processo di accumulo di stress

Il processo di accumulo di stress è una fase fondamentale nel ciclo sismico in cui le rocce all'interno della crosta terrestre subiscono tensioni graduali a causa delle forze tettoniche. Questo processo avviene prima di un terremoto e rappresenta l'accumulo di energia potenziale nel terreno, che sarà rilasciata improvvisamente quando le rocce raggiungeranno il loro punto di rottura. Ecco come si sviluppa il processo di accumulo di stress:

1. **Forze Tettoniche:** Le forze tettoniche, come il movimento delle placche tettoniche, il sollevamento di montagne o l'estensione di bacini oceanici, esercitano pressioni e tensioni sulla crosta terrestre. Queste forze possono essere causate da processi di lungo termine, come la convergenza di placche (ad esempio, dove una placca si spinge sotto l'altra), la divergenza di placche (dove le placche si allontanano l'una dall'altra) o lo scorrimento laterale lungo faglie trasformi.

2. **Deformazione delle Rocce:** Le rocce nella crosta terrestre sono inizialmente stabili ma, a causa delle forze tettoniche, iniziano a deformarsi gradualmente. Questa deformazione può essere causata da compressione, estensione o scorrimento laterale. Le rocce iniziano a piegarsi, a fratturarsi e a subire cambiamenti nella loro struttura interna.

3. **Accumulo di Energia Potenziale:** Con il passare del tempo, le rocce si deformano e accumulano energia potenziale elastica. Questa energia è intrappolata all'interno delle rocce e viene immagazzinata sotto forma di tensioni accumulate. Maggiore è la tensione accumulata, maggiore sarà l'energia potenziale immagazzinata e più intenso sarà il terremoto futuro.

4. **Fratture e Punti di Rottura:** Le rocce all'interno della crosta terrestre possono sopportare solo una certa quantità di tensione prima di

rompersi. Questa rottura inizia tipicamente lungo le faglie sismogeniche, che sono faglie o piani di frattura in cui avverrà la rottura improvvisa durante un terremoto.

5. **Scossa Sismica:** Quando la tensione accumulata supera la resistenza delle rocce lungo una faglia sismogenica, si verifica la rottura improvvisa. Questa liberazione improvvisa di energia viene rilasciata sotto forma di onde sismiche, causando un terremoto.

Il processo di accumulo di stress è essenziale per la comprensione dei terremoti, poiché rappresenta il meccanismo alla base della generazione delle forze sismiche. La misurazione delle tensioni accumulate nelle rocce è una parte importante della sismologia e contribuisce alla valutazione del rischio sismico in determinate regioni. La conoscenza del processo di accumulo di stress è fondamentale per la pianificazione della sicurezza sismica e la prevenzione dei danni causati dai terremoti.

Rottura della faglia e scossa sismica

La rottura della faglia e la scossa sismica rappresentano le fasi cruciali nel processo che porta alla generazione di un terremoto. Questi eventi si verificano quando le tensioni accumulate all'interno delle rocce raggiungono un punto critico e le rocce cedono improvvisamente, liberando l'energia accumulata sotto forma di onde sismiche. Ecco come avvengono questi due eventi:

1. Rottura della Faglia:

- La rottura della faglia è il momento in cui le rocce lungo una faglia sismogenica cedono improvvisamente. Questa faglia è una zona di debolezza o un piano di frattura all'interno della crosta terrestre dove si accumulano le tensioni.

- L'accumulo di tensione nel corso del tempo ha gradualmente deformate le rocce nella zona della faglia, aumentando la pressione all'interno della faglia.

- Quando la tensione accumulata supera la resistenza delle rocce lungo la faglia, le rocce iniziano a scivolare o a rompersi. Questo innesca la rottura improvvisa della faglia.

- La rottura della faglia può propagarsi lungo il piano di frattura in entrambe le direzioni o in una sola direzione, liberando energia in un processo noto come "slip sismico". Questo processo genera onde sismiche.

2. Scossa Sismica:

- La scossa sismica è la manifestazione visibile del terremoto e rappresenta l'onda sismica generata dalla rottura della faglia.

- L'energia liberata durante la rottura della faglia si propaga attraverso la Terra sotto forma di onde sismiche. Queste onde sismiche si diffondono dal punto in cui avviene la rottura lungo la faglia sismogenica.

- Ci sono due tipi principali di onde sismiche: le onde primarie (P) e le onde secondarie (S). Le onde P sono onde longitudinali che si propagano più velocemente e attraversano rocce solide e fluidi. Le onde S sono onde trasversali che si propagano più lentamente e non possono attraversare i fluidi.

- Le onde sismiche si irradianno dalla faglia e si diffondono in tutte le direzioni. Quando raggiungono la superficie, causano le scosse sismiche che percepiamo come terremoti. Queste onde sismiche possono provocare il movimento del terreno, la vibrazione delle strutture e altri effetti distruttivi.

In sintesi, la rottura della faglia è il momento in cui le rocce cedono sotto la pressione delle tensioni accumulate, innescando un terremoto. La scossa sismica rappresenta il propagarsi delle onde sismiche generate dalla rottura della faglia attraverso la Terra e il terreno circostante, causando i movimenti e le vibrazioni associati a un terremoto. La comprensione di questi processi è fondamentale per la sismologia e la prevenzione dei danni sismici.

Classificazione di terremoti

I terremoti possono essere classificati in diversi modi, a seconda degli aspetti che si desidera considerare. Ecco alcune delle principali classificazioni dei terremoti:

1. **Classificazione in base all'origine:**
   - **Terremoti tettonici:** Questi terremoti sono causati da tensioni accumulate a seguito del movimento delle placche tettoniche. Sono i terremoti più comuni e possono verificarsi lungo i margini delle placche o all'interno delle placche stesse.
   - **Terremoti vulcanici:** Si verificano in prossimità dei vulcani a causa dell'attività vulcanica, come il movimento del magma e l'eruzione.
   - **Terremoti indotti dall'uomo:** Questi terremoti sono causati dall'attività umana, come l'estrazione di petrolio e gas, l'immagazzinamento di fluidi sotterranei o test nucleari.

2. **Classificazione in base alla magnitudo:**

- **Terremoti di piccola magnitudo:** Hanno una magnitudo inferiore a 3.0 e spesso non sono avvertiti dalle persone.
- **Terremoti di magnitudo moderata:** Hanno una magnitudo compresa tra 3.0 e 6.0 e possono causare danni locali.
- **Terremoti di grande magnitudo:** Hanno una magnitudo superiore a 6.0 e possono causare danni estesi su vaste aree.

3. **Classificazione in base all'effetto geografico:**
   - **Terremoti superficiali:** Si verificano vicino alla superficie terrestre e sono generalmente più distruttivi.
   - **Terremoti profondi:** Si verificano a notevole profondità sotto la superficie

terrestre e tendono a essere meno distruttivi in superficie.

4. **Classificazione in base ai danni e agli effetti:**

- **Terremoti distruttivi:** Causano danni significativi a edifici, infrastrutture e possono provocare gravi perdite di vite umane.
- **Terremoti tsunami:** Sono terremoti che si verificano sotto l'oceano e generano tsunami, che sono onde oceaniche giganti.
- **Terremoti silenziosi:** Sono terremoti a scorrimento lento che possono essere difficili da rilevare, ma possono accumulare tensioni significative nel tempo.

5. **Classificazione in base alla frequenza:**

- **Terremoti isolati:** Si verificano raramente in una data regione.

- **Terremoti periodici:** Si verificano periodicamente in una determinata regione.
- **Terremoti costanti:** Si verificano costantemente in una regione, spesso lungo un margine di placca attivo.

6. **Classificazione in base alla localizzazione:**

- **Terremoti locali:** Si verificano in una regione specifica.
- **Terremoti regionali:** Coinvolgono una zona più ampia o una parte di una placca tettonica.
- **Terremoti globali:** Si verificano in molte parti del mondo e sono associati a eventi di grande magnitudo.

Queste classificazioni consentono di categorizzare i terremoti in base a vari aspetti, tra cui la loro origine, la magnitudo, gli effetti geografici e l'ubicazione. La comprensione di queste classificazioni è importante per valutare il rischio sismico e pianificare la sicurezza sismica in determinate regioni.

Capitolo 4: Cause dei Terremoti

I terremoti sono causati principalmente da due tipi di processi geologici: i terremoti tettonici e i terremoti vulcanici. Ecco una spiegazione più dettagliata delle cause di entrambi i tipi di terremoti:

1. **Terremoti Tettonici:** I terremoti tettonici sono i più comuni e sono causati dai movimenti delle placche tettoniche all'interno della crosta terrestre. Questi movimenti generano tensioni che si accumulano lentamente e, quando superano il limite di resistenza delle rocce lungo una faglia sismogenica, provocano una rottura improvvisa e il rilascio di

energia sotto forma di onde sismiche. Le principali cause dei terremoti tettonici includono:

- **Convergenza delle placche:** Quando due placche tettoniche si spingono l'una verso l'altra, si verifica una compressione che porta alla formazione di catene montuose e alla generazione di terremoti lungo i margini delle placche.

- **Divergenza delle placche:** Quando due placche tettoniche si allontanano l'una dall'altra, si verifica una tensione che può causare la formazione di fessure continentali e l'apertura di bacini oceanici, spesso associati a terremoti.

- **Scorrimento laterale:** Quando due placche tettoniche scorrono lateralmente una rispetto all'altra lungo una faglia trasforme, si verifica una forza di taglio che può causare terremoti lungo la faglia.

2. **Terremoti Vulcanici:** I terremoti vulcanici sono associati all'attività vulcanica, in particolare all'interno o vicino a vulcani attivi. Questi terremoti sono causati da vari processi legati all'eruzione vulcanica, tra cui:

- **Movimento di magma:** Il movimento del magma sotto la superficie terrestre può generare terremoti vulcanici. Quando il magma si sposta e aumenta la pressione all'interno di un vulcano, può causare scosse sismiche.

- **Colate di lava:** Il flusso di lava durante un'eruzione vulcanica può causare scosse sismiche, in particolare quando la lava si sposta e interagisce con la crosta circostante.

- **Collasso del cratere:** Durante un'eruzione vulcanica, il collasso del cratere o delle pareti del vulcano può generare terremoti.

È importante notare che i terremoti vulcanici sono spesso associati alle attività vulcaniche e sono localizzati vicino ai vulcani attivi, mentre i terremoti tettonici sono più diffusi e si verificano lungo i margini delle placche tettoniche in tutto il mondo.

In generale, i terremoti rappresentano il rilascio di tensioni accumulate o l'energia intrappolata all'interno della crosta terrestre a causa di vari processi geologici. La comprensione di queste cause è fondamentale per la valutazione del rischio sismico e la prevenzione dei danni sismici.

Terremoti tettonici

I terremoti tettonici sono terremoti causati dai movimenti delle placche tettoniche della crosta terrestre. Questi terremoti rappresentano la maggior parte delle scosse sismiche registrate sulla Terra. Sono il risultato delle tensioni accumulate a seguito del movimento delle placche tettoniche. Ecco come si verificano i terremoti tettonici:

1. **Movimento delle Placche Tettoniche:** La Terra è suddivisa in numerose placche tettoniche che galleggiano sulla viscida astenosfera, una parte del mantello superiore. Queste placche sono in costante movimento a causa delle forze che agiscono sulla Terra. Le forze principali includono la convergenza (quando due placche si muovono l'una verso l'altra), la divergenza (quando due placche si allontanano l'una dall'altra) e lo scorrimento laterale (quando due placche si

muovono lateralmente l'una rispetto all'altra).

2. **Accumulo di Tensione:** Quando le placche tettoniche si muovono, possono generare tensioni all'interno della crosta terrestre. Queste tensioni si accumulano nel corso del tempo e deformano lentamente le rocce lungo le faglie sismogeniche, che sono zone di debolezza in cui avviene la rottura sismica.

3. **Rottura della Faglia:** Quando le tensioni accumulate superano la resistenza delle rocce lungo una faglia sismogenica, si verifica una rottura improvvisa. Questa rottura può verificarsi lungo la faglia stessa o all'interno della crosta terrestre. Questo processo genera una serie di onde sismiche che si propagano attraverso la Terra.

4. **Scossa Sismica:** Le onde sismiche generate dalla rottura della faglia si propagano in tutte le direzioni e raggiungono la superficie terrestre.

Questo è ciò che percepisci come una scossa sismica. Le onde sismiche includono le onde primarie (P), che sono onde longitudinali, e le onde secondarie (S), che sono onde trasversali. Queste onde possono causare il movimento del terreno, la vibrazione delle strutture e altri effetti distruttivi.

5. **Faglie Sismogeniche:** La faglia sismogenica è il piano di frattura lungo il quale avviene la rottura durante un terremoto. Queste faglie possono variare in dimensioni e profondità e sono spesso associate a margini convergenti, divergenti o trasformi tra le placche tettoniche.

I terremoti tettonici possono variare in magnitudo e intensità, da terremoti molto deboli a terremoti di grande magnitudo. La loro distribuzione è spesso correlata ai margini delle placche tettoniche. Regioni lungo i margini delle placche, come la Faglia di San Andreas in California, sono

noti per l'attività sismica significativa
dovuta a terremoti tettonici.

La comprensione dei terremoti tettonici è
fondamentale per la sismologia e la
pianificazione della sicurezza sismica,
poiché consente di prevedere, monitorare
e mitigare il rischio sismico in determinate
aree.

Terremoti vulcanici

I terremoti vulcanici, noti anche come
terremoti vulcanici o terremoti legati
all'attività vulcanica, sono terremoti causati
da vari processi collegati all'attività
vulcanica e all'eruzione dei vulcani. Questi
terremoti sono spesso localizzati in
prossimità di vulcani attivi o aree
vulcaniche. Ecco come si verificano i
terremoti vulcanici:

1. **Movimento di Magma:** Uno dei principali fattori scatenanti dei terremoti vulcanici è il movimento del magma all'interno di un vulcano. Il magma è una massa fusa composta da roccia liquefatta, gas e minerali che si forma nel mantello terrestre e può risalire verso la superficie durante un'eruzione vulcanica.

2. **Aumento della Pressione:** Il movimento del magma crea pressione all'interno del vulcano. Questa pressione aumenta quando il magma cerca di spingersi attraverso le fratture o le rocce circostanti. Quando la pressione diventa sufficientemente elevata, può causare fratture o fessurazioni nella roccia circostante.

3. **Rottura delle Rocce:** Quando la pressione interna supera la resistenza delle rocce circostanti, si verifica una rottura improvvisa o uno scivolamento. Questa rottura è

associata a terremoti vulcanici. Durante la rottura, le rocce circostanti possono scorrere o fratturarsi, rilasciando energia sotto forma di onde sismiche.

4. **Scossa Sismica:** L'energia liberata dalla rottura delle rocce si propaga sotto forma di onde sismiche attraverso la Terra e raggiunge la superficie. Queste onde sismiche causano scosse sismiche che possono essere percepite come terremoti vulcanici.

5. **Attività Vulcanica:** I terremoti vulcanici spesso precedono, accompagnano o seguono l'attività vulcanica, come l'eruzione di lava, esplosioni vulcaniche o colate di cenere. Questi terremoti possono servire come indicatori dell'attività vulcanica imminente.

6. **Localizzazione:** I terremoti vulcanici sono localizzati principalmente nelle aree vulcaniche, in prossimità di vulcani attivi o nelle loro vicinanze.

Questi terremoti sono spesso associati a faglie o zone di debolezza nella crosta terrestre, causate dalle tensioni create dall'attività vulcanica.

I terremoti vulcanici possono variare in magnitudo e intensità, a seconda delle caratteristiche specifiche dell'attività vulcanica e della profondità in cui si verificano. Questi terremoti sono particolarmente importanti da monitorare e studiare, poiché possono fornire preziose informazioni sugli stati e le dinamiche dei vulcani attivi e contribuire alla prevenzione dei rischi associati alle eruzioni vulcaniche.

Terremoti indotti dall'uomo

I terremoti indotti dall'uomo, noti anche come terremoti di origine antropica o terremoti indotti, sono terremoti causati direttamente o indirettamente dalle attività umane. Questi terremoti rappresentano una categoria speciale di terremoti che si verificano a seguito di azioni dell'uomo, come attività di estrazione di risorse naturali o attività geotermiche. Ecco alcune delle principali cause di terremoti indotti dall'uomo:

1. **Estrazione di Petrolio e Gas:** L'attività di estrazione di petrolio e gas può portare alla depressurizzazione dei serbatoi sotterranei, causando un cedimento delle rocce circostanti. Questo può innescare terremoti. Questi terremoti sono noti come "terremoti da subsidenza" e sono spesso associati alle attività di fracking o al pompaggio di fluidi sotterranei.

2. **Iniezione di Fluidi:** L'iniezione di fluidi, come acqua o scorie, nel sottosuolo durante l'estrazione di risorse naturali o lo smaltimento dei rifiuti può aumentare la pressione

all'interno della crosta terrestre e causare terremoti. Questi terremoti sono noti come "terremoti da iniezione" o "terremoti indotti da fluidi".

3. **Stoccaggio di Fluidi:** Il riempimento di serbatoi sotterranei con fluidi, come acqua, gas naturale o petrolio, può influenzare lo stato di stress delle rocce circostanti e causare terremoti. Questi terremoti sono noti come "terremoti da stoccaggio di fluidi".

4. **Estrazione Mineraria:** L'attività di estrazione mineraria, in particolare l'abbattimento di grandi cavità sotterranee o miniere sotterranee, può generare tensioni nelle rocce circostanti e portare a terremoti noti come "terremoti minerari".

5. **Attività Geotermiche:** Le centrali geotermiche che sfruttano l'energia termica della Terra possono provocare terremoti quando l'acqua è iniettata nel sottosuolo per

generare vapore o raffreddare il sistema geotermico.

6. **Impatti di Serbatoi Artificiali:** La costruzione di serbatoi artificiali, come serbatoi per raffreddamento o serbatoi per rifiuti, può influenzare lo stato di tensione delle rocce sottostanti e causare terremoti.

7. **Test Nucleari Sotterranei:** I test nucleari sotterranei condotti da nazioni con armi nucleari possono generare terremoti come risultato dell'esplosione nucleare.

Questi terremoti indotti dall'uomo sono stati oggetto di crescente preoccupazione a causa delle possibili conseguenze per l'ambiente e la sicurezza pubblica. Le attività umane che possono generare terremoti sono oggetto di regolamentazioni e monitoraggio per mitigare il rischio sismico associato a tali attività. La comprensione di queste cause e dei loro effetti è essenziale per la prevenzione dei terremoti indotti dall'uomo.

Capitolo 5: Monitoraggio e Previsione dei Terremoti

Il monitoraggio e la previsione dei terremoti sono aspetti cruciali per la gestione del rischio sismico e la sicurezza pubblica. Sebbene sia difficile prevedere con precisione quando si verificherà un terremoto, è possibile monitorare i segni premonitori e la sismicità storica per valutare il rischio sismico in una determinata area. Ecco come avviene il monitoraggio e la previsione dei terremoti:

1. **Monitoraggio della Sismicità:**
   - Rete Sismica: In molte regioni sismiche, esistono reti di rilevamento sismico costituite da sismometri e stazioni sismiche. Queste reti

monitorano costantemente le scosse sismiche e registrano i dati sismici in tempo reale.

- Dati Sismici: I dati raccolti dalle stazioni sismiche sono trasmessi a un centro di monitoraggio sismico, dove vengono analizzati. Questi dati includono la magnitudo, la profondità, la durata e l'ubicazione dell'evento sismico.

- Catalogo Sismico: I dati sismici vengono utilizzati per creare un catalogo sismico che tiene traccia di tutti gli eventi sismici registrati in una regione. Questi dati storici sono utili per comprendere i modelli di attività sismica.

2. **Monitoraggio della Deformazione:**

  - GPS: La misurazione dei cambiamenti nella posizione delle stazioni GPS può fornire informazioni sulla deformazione della crosta terrestre dovuta alle tensioni tettoniche.

- InSAR: La tecnica dell'interferometria a sintesi di apertura (InSAR) utilizza satelliti per misurare i cambiamenti nella superficie terrestre causati da deformazioni tettoniche.

3. **Studio delle Faglie:**
   - Geologi e sismologi studiano le faglie sismogeniche per comprendere meglio il comportamento sismico di una regione e identificare le zone di potenziale rottura.
   - Analisi geologiche e geofisiche sul campo possono rivelare indizi sulle tensioni e le deformazioni nella crosta terrestre.

4. **Previsione a Lungo Termine:**

- Basata sulla storia sismica: L'analisi della storia sismica di una regione può fornire indicazioni sulle probabilità di terremoti futuri.
- Modelli sismotettonici: I modelli basati sulla tettogenesi della regione, sulle placche tettoniche coinvolte e sulle faglie sismogeniche possono essere utilizzati per valutare il rischio sismico a lungo termine.

5. **Previsione a Breve Termine:**
   - Monitoraggio dei precursori sismici: Alcuni segni premonitori, come cambiamenti nel comportamento delle acque sotterranee, nel rilascio di gas radon o nell'attività di piccoli terremoti, possono essere monitorati come possibili indicatori di un terremoto imminente.

- Avvisi sismici: In alcune regioni, esistono sistemi di avviso sismico che possono rilevare le onde sismiche primarie (P) e inviare avvisi prima dell'arrivo delle onde sismiche distruttive (S).

6. **Mitigazione del Rischio:**
   - La conoscenza dei rischi sismici aiuta nella pianificazione urbanistica e nella progettazione di edifici e infrastrutture resistenti ai terremoti.
   - Le procedure di evacuazione e i piani di emergenza possono essere sviluppati per ridurre il rischio per le persone in caso di terremoto.

È importante sottolineare che, sebbene sia possibile monitorare l'attività sismica e valutare il rischio sismico, la previsione precisa di terremoti rimane estremamente difficile. La scienza sismologica è in costante evoluzione, e i progressi nella ricerca possono contribuire a una migliore comprensione e gestione del rischio sismico in futuro.

Strumenti e tecnologie di monitoraggio sismico

Il monitoraggio sismico impiega una vasta gamma di strumenti e tecnologie per rilevare, registrare e analizzare le scosse sismiche. Questi strumenti sono fondamentali per comprendere l'attività sismica, valutare il rischio sismico e fornire avvisi di terremoti imminenti. Ecco alcuni dei principali strumenti e tecnologie di monitoraggio sismico:

1. **Sismometri:**
   - I sismometri sono strumenti sensibili in grado di registrare il movimento del terreno causato dalle onde sismiche.

Esistono sismometri sia a terra che su fondali marini.

- Questi dispositivi registrano l'accelerazione, la velocità o lo spostamento del terreno durante un terremoto. I dati sismici registrati sono fondamentali per determinare la magnitudo, la profondità e l'ubicazione di un terremoto.

2. **Reti Sismiche:**

- Le reti sismiche sono costituite da una serie di stazioni sismiche che coprono un'area geografica specifica. Queste reti sono in grado di rilevare e registrare l'attività sismica in tempo reale.
- I dati raccolti da queste stazioni vengono trasmessi a un centro di monitoraggio sismico, dove vengono elaborati e analizzati per fornire informazioni sulle scosse sismiche.

3. **Sensori GPS:**

   - I sensori GPS misurano i cambiamenti nella posizione di punti di riferimento terrestri con una precisione estremamente elevata. Questi cambiamenti possono essere indicatori di deformazioni tettoniche e tensioni nella crosta terrestre.

4. **Interferometria a Sintesi di Apertura (InSAR):**

   - L'InSAR utilizza dati radar satellitari per misurare i cambiamenti nella superficie terrestre. Questa tecnica è utile per monitorare le deformazioni del terreno a larga scala, ad esempio in regioni sismiche.

5. **Avvisi Sismici:**

   - Gli avvisi sismici sono sistemi di allarme che rilevano le onde sismiche primarie (P) e inviano avvisi in tempo reale prima che le onde sismiche distruttive (S) raggiungano un'area. Questi sistemi forniscono preziose informazioni in tempo reale per la protezione delle persone e delle infrastrutture.

6. **Sistemi di Rilevamento dei Precursori Sismici:**
   - Alcuni terremoti possono essere preceduti da segni premonitori, come cambiamenti nel comportamento delle acque sotterranee, il rilascio di gas radon o l'attività di piccoli terremoti. Sistemi specializzati monitorano questi precursori per valutare il rischio sismico imminente.

7. **Modellazione Sismica:**
   - La modellazione sismica utilizza software e computer per simulare il comportamento

delle onde sismiche e prevedere come si diffonderanno attraverso la Terra. Questo è utile per comprendere gli effetti di un terremoto su una determinata area.

8. **Rete Globale di Monitoraggio Sismico:**

- Organizzazioni come il United States Geological Survey (USGS) gestiscono una rete globale di monitoraggio sismico con stazioni sismiche in tutto il mondo. Queste reti condividono dati sismici per scopi di ricerca e sicurezza pubblica.

Questi strumenti e tecnologie sono essenziali per la comprensione dell'attività sismica, la valutazione del rischio sismico e la protezione delle persone e delle infrastrutture dalle conseguenze dei terremoti.

Metodi di previsione dei terremoti

La previsione precisa dei terremoti rimane una sfida scientifica complessa, poiché non esistono metodi affidabili per predire con precisione quando e dove si verificherà un terremoto. Tuttavia, ci sono alcuni metodi di previsione sismica che possono essere utilizzati per valutare il rischio sismico a lungo termine in una determinata regione. Ecco alcuni dei principali metodi di previsione dei terremoti:

1. **Analisi della Storia Sismica:**
   - Gli sismologi esaminano i dati storici sugli eventi sismici in una regione per identificare modelli e tendenze. Questo può includere la registrazione dei terremoti passati, le loro magnitudo, profondità e frequenza.

- L'analisi della storia sismica può aiutare a stimare la probabilità di terremoti futuri in una determinata area, ma non può prevedere quando avverranno.

2. **Modello Sismotettonico:**
   - I modelli sismotettonici utilizzano informazioni sulle placche tettoniche, le faglie sismogeniche e le tensioni tettoniche per valutare il potenziale rischio sismico in una regione.
   - Questi modelli considerano il movimento delle placche tettoniche, la velocità delle faglie sismogeniche e altre variabili per determinare le zone ad alto rischio sismico.

3. **Mappa di Pericolosità Sismica:**
   - Le mappe di pericolosità sismica mostrano le probabilità di terremoti con

diverse magnitudini che possono verificarsi in una regione specifica entro un certo periodo di tempo (ad esempio, 50 anni).

- Queste mappe sono spesso utilizzate nella pianificazione urbanistica e nella progettazione di edifici per garantire la sicurezza sismica.

4. **Monitoraggio delle Tensioni:**
   - L'uso di sensori GPS, inclinometri e altre tecnologie di monitoraggio può aiutare a misurare le tensioni nella crosta terrestre e monitorare i cambiamenti nel tempo. Tuttavia, queste misurazioni spesso non consentono la previsione di terremoti specifici.

5. **Previsioni Statistiche:**
   - Alcuni modelli statistici possono essere utilizzati per

stimare la probabilità di terremoti futuri in una regione. Queste previsioni si basano sulla frequenza storica degli eventi sismici.

È importante sottolineare che queste metodologie di previsione sismica non permettono di predire con precisione quando e dove si verificherà un terremoto. Invece, forniscono una stima del rischio sismico in una regione e aiutano nella pianificazione e nella progettazione di strutture resistenti ai terremoti. Gli sismologi continuano a cercare modi per migliorare la previsione sismica, ma il processo rimane complesso a causa delle molte variabili coinvolte nei terremoti.

Limiti nella previsione sismica

La previsione sismica è una sfida scientifica complessa, e ci sono diversi limiti intrinseci che rendono difficile prevedere con precisione quando e dove si verificherà un terremoto. Ecco alcuni dei principali limiti nella previsione sismica:

1. **Complessità dei Terremoti:** I terremoti sono il risultato di processi geologici complessi che coinvolgono il movimento delle placche tettoniche, la rottura delle faglie sismogeniche e il rilascio di tensioni accumulate. La complessità di questi processi rende difficile prevedere esattamente quando e dove si verificherà una rottura sismica.

2. **Variabilità Temporale:** I terremoti possono verificarsi in qualsiasi momento e non seguono un modello temporale prevedibile. Alcune faglie possono rimanere inattive per centinaia di anni prima di scatenare un terremoto, mentre altre possono generare terremoti con maggiore frequenza.

3. **Variabilità Spaziale:** La distribuzione dei terremoti è altamente variabile geograficamente. Anche in regioni sismiche attive, alcune zone possono rimanere relativamente stabili per un lungo periodo, mentre altre subiscono terremoti più frequenti.

4. **Mancanza di Indicatori Chiari:** Non esistono indicatori chiari e affidabili che permettano di prevedere con precisione la data e la localizzazione di un terremoto imminente. I segni premonitori, come i cambiamenti nella pressione delle acque sotterranee o l'attività di piccoli terremoti, non sono indicatori affidabili di un terremoto imminente.

5. **Frequenza di Terremoti di Piccola Magnitudo:** La maggior parte dei terremoti che si verificano in tutto il mondo sono di piccola magnitudo e non vengono nemmeno avvertiti dalla popolazione. Questi eventi di

piccola magnitudo possono mascherare l'attività sismica e rendere difficile la previsione di terremoti di maggiore magnitudo.

6. **Limite delle Risorse Tecniche:** La creazione di una rete globale di monitoraggio sismico completa richiederebbe risorse enormi. Molti luoghi nel mondo non dispongono delle infrastrutture necessarie per monitorare in modo completo l'attività sismica.

7. **Fattori Casuali:** Gli sismologi riconoscono che esiste un elemento di casualità nei terremoti, che può rendere difficile la previsione precisa. Anche in condizioni geologiche simili, non tutti i terremoti si verificano nello stesso modo o con la stessa frequenza.

8. **Effetti a Lungo Termine delle Azioni Umane:** L'attività umana, come l'estrazione di risorse naturali e l'iniezione di fluidi nel sottosuolo, può influenzare lo stato di stress

delle rocce e aumentare il rischio sismico. Tuttavia, prevedere come queste attività influenzeranno l'attività sismica rimane complesso.

In sintesi, i limiti nella previsione sismica sono principalmente dovuti alla complessità naturale dei terremoti e alla mancanza di indicatori chiari di un terremoto imminente. La sismologia continua a fare progressi nella comprensione dell'attività sismica, ma la previsione precisa dei terremoti rimane una sfida in corso. La messa in sicurezza e la preparazione alle scosse sismiche rimangono fondamentali per mitigare il rischio sismico.

Capitolo 6: Probabilità e Rischi Sismici

La probabilità e il rischio sismico sono concetti chiave nell'ambito della sismologia e della pianificazione della sicurezza sismica. Questi concetti aiutano a valutare la possibilità di terremoti in una determinata area e a comprendere le potenziali conseguenze per la sicurezza delle persone e delle strutture. Ecco cosa significano e come sono collegati:

1. **Probabilità Sismica:**
   - La probabilità sismica è la stima della possibilità che un terremoto di una certa magnitudo si verifichi in una data regione entro un determinato periodo di tempo. Questa probabilità è spesso espressa in percentuale o in base a una scala di tempo specifica, ad esempio il 10% di probabilità di un terremoto di magnitudo 7 nei prossimi 50 anni.

- Le stime di probabilità sismica si basano su dati sismici storici, modelli sismotettonici e analisi geologiche. Queste stime aiutano a definire il rischio sismico e sono utilizzate nella progettazione di edifici resistenti ai terremoti, nella pianificazione urbanistica e nella preparazione ai disastri.

2. **Rischio Sismico:**
   - Il rischio sismico è una valutazione del potenziale impatto di un terremoto su una determinata area, considerando fattori come la probabilità di terremoti, la magnitudo attesa, la profondità dell'evento, la densità di popolazione, la qualità delle infrastrutture e la vulnerabilità delle costruzioni.
   - Il rischio sismico riflette la possibilità di danni, perdite economiche e pericoli per la

vita umana in caso di terremoto. Questa valutazione è fondamentale per la pianificazione della sicurezza sismica, l'assicurazione contro i terremoti e la preparazione ai disastri.

3. **Risposta al Rischio:**
   - La comprensione del rischio sismico aiuta a determinare le azioni necessarie per mitigare le conseguenze di un terremoto. Queste azioni possono includere la progettazione e la costruzione di edifici e infrastrutture resistenti ai terremoti, l'adozione di norme edilizie sismiche, la pianificazione di percorsi di evacuazione e la preparazione di piani di emergenza.

4. **Comunicazione del Rischio:**

- Comunicare il rischio sismico alla popolazione è fondamentale per la sicurezza pubblica. Le autorità locali e nazionali, insieme agli scienziati sismologi, forniscono informazioni e avvisi sulla preparazione ai terremoti e sulle misure di sicurezza.

È importante notare che il rischio sismico varia notevolmente da regione a regione, a seconda dell'attività sismica, della densità di popolazione e della qualità delle infrastrutture. La comprensione del rischio sismico e la sua gestione sono fondamentali per proteggere la vita umana e le proprietà dalle conseguenze dei terremoti.

Valutazione del rischio sismico

La valutazione del rischio sismico è un processo complesso che mira a stimare il potenziale impatto di terremoti su una determinata area geografica. Questa valutazione è fondamentale per pianificare la sicurezza sismica, proteggere la vita umana e ridurre i danni alle strutture e alle infrastrutture. Ecco i passaggi chiave nella valutazione del rischio sismico:

1. **Caratterizzazione dell'Area:**
   - Inizia con la raccolta di dati sulla regione da valutare. Questi dati includono la geologia, la sismicità storica, le faglie sismogeniche, la densità di popolazione e le caratteristiche delle costruzioni.
2. **Stime di Probabilità Sismica:**

- Gli scienziati sismologi utilizzano dati sismici storici e modelli sismotettonici per stimare la probabilità di terremoti di diverse magnitudini nell'area. Questa stima è spesso espressa in termini di probabilità annuale di un terremoto di una certa magnitudo.

3. **Scenari Sismici:**

   - Gli scienziati sismologi creano "scenari sismici" che rappresentano eventi sismici possibili, compresi il luogo di origine, la magnitudo, la profondità e l'intensità dell'evento. Questi scenari vengono utilizzati per valutare l'impatto potenziale di un terremoto sulla regione.

4. **Valutazione delle Vulnerabilità:**

   - Si considera la vulnerabilità delle strutture e delle

infrastrutture all'evento sismico. Questo include la valutazione delle costruzioni, dei ponti, delle reti elettriche, delle condutture del gas e delle reti idriche.

5. **Valutazione delle Minacce:**
   - Si valutano le minacce derivanti da terremoti, tra cui crolli di edifici, scosse di terreno, frane, tsunami e incendi. Questa valutazione tiene conto del tipo di terreno, della topografia e dell'esposizione a possibili pericoli.

6. **Analisi dei Rischi:**
   - Si combinano le stime di probabilità sismica, gli scenari sismici e le valutazioni delle vulnerabilità e delle minacce per calcolare il rischio sismico complessivo nell'area. Questo può essere espresso in termini

di perdite economiche, danni alle strutture o rischi per la vita umana.

7. **Pianificazione e Mitigazione:**

- Basandosi sulla valutazione del rischio sismico, vengono sviluppati piani di mitigazione del rischio. Questi piani possono includere l'adozione di norme edilizie sismiche, la progettazione di edifici resistenti ai terremoti, la preparazione di piani di evacuazione, l'adozione di politiche di assicurazione contro i terremoti e la sensibilizzazione della popolazione sulle misure di sicurezza.

8. **Comunicazione del Rischio:**

- Le autorità locali e nazionali comunicano il rischio sismico alla popolazione attraverso campagne informative e avvisi di preparazione ai terremoti.

La valutazione del rischio sismico è un processo continuo e dinamico che richiede l'aggiornamento costante dei dati e delle analisi a seguito di nuove scoperte scientifiche e cambiamenti nella regione. La sua implementazione è fondamentale per proteggere le persone, le proprietà e l'infrastruttura dalle conseguenze dei terremoti.

Costruzioni resistenti ai terremoti

La costruzione di edifici e infrastrutture resistenti ai terremoti è fondamentale per proteggere la vita umana, ridurre i danni e garantire la sicurezza pubblica durante e dopo un terremoto. Le tecniche di progettazione antisismica mirano a rendere gli edifici e le strutture più capaci di resistere alle forze sismiche. Ecco alcuni principi chiave per la costruzione di edifici resistenti ai terremoti:

1. **Conoscenza delle Normative Antisismiche:**
   - Gli ingegneri civili e architetti devono essere a conoscenza delle normative antisismiche locali e nazionali. Queste normative stabiliscono i requisiti minimi per la progettazione e la costruzione di edifici resistenti ai terremoti.

2. **Isolatori Sismici:**
   - Gli isolatori sismici sono dispositivi progettati per consentire a un edificio di scivolare in risposta alle forze sismiche. Questi dispositivi riducono le tensioni sulla struttura e minimizzano i danni. Sono spesso utilizzati in edifici ad alto rischio sismico, come ospedali e ponti.

3. **Adeguata Fondazione:**

- Una base solida è essenziale per la stabilità di un edificio durante un terremoto. La fondazione deve essere progettata per assorbire e distribuire le forze sismiche nel terreno circostante.

4. **Strutture in Cemento Armato:**
   - Gli edifici in cemento armato sono comunemente utilizzati nelle costruzioni antisismiche. Il rinforzo con acciaio conferisce alla struttura la capacità di assorbire e dissipare l'energia sismica.

5. **Resistenza alle Forze Orizzontali:**
   - Le strutture devono essere progettate per resistere alle forze orizzontali generate da un terremoto. Questo può essere ottenuto attraverso travi e pilastri resistenti, pareti antisismiche e collegamenti adeguati.

6. **Giunzioni Resistenti:**
   - Le connessioni tra le diverse parti di un edificio devono essere progettate per resistere alle forze sismiche. Questo include il collegamento delle travi ai pilastri e delle pareti alle fondamenta.

7. **Muri di Sostegno:**
   - In alcune regioni sismiche, i muri di sostegno sono utilizzati per distribuire le forze sismiche in modo uniforme nella struttura.

8. **Adeguata Resistenza all'Incendio:**
   - Le strutture antisismiche dovrebbero anche essere progettate per resistere alle conseguenze di un incendio, che può essere innescato da un terremoto.

9. **Progettazione Strutturale Avanzata:**

- L'uso di tecniche avanzate di progettazione, come l'analisi dinamica e la modellazione sismica, può contribuire a migliorare la resistenza sismica.

10. **Verifica Periodica:**
   - Gli edifici esistenti dovrebbero essere sottoposti a verifiche periodiche per assicurarsi che mantengano la loro resistenza sismica nel corso del tempo.

Le costruzioni resistenti ai terremoti sono fondamentali in regioni sismiche ad alto rischio, ma la loro progettazione e costruzione richiede competenze specializzate e il rispetto delle normative antisismiche. La pianificazione urbana, l'adozione di norme edilizie sismiche e la preparazione della popolazione sono anch'essenziali per la sicurezza sismica globale.

Pianificazione di emergenza e preparazione

La pianificazione di emergenza e la preparazione sono componenti cruciali per affrontare i terremoti e ridurre le perdite di vite umane e danni alle proprietà. Ecco come affrontare la pianificazione di emergenza e la preparazione sismica:

1. Pianificazione Familiare:

- Ogni famiglia dovrebbe sviluppare un piano di emergenza che includa punti di incontro, contatti fuori dalla zona colpita, un kit di emergenza e un piano di comunicazione. Questo piano dovrebbe essere condiviso con tutti i membri della famiglia.

2. Kit di Emergenza:

- Creare un kit di emergenza che includa forniture essenziali come acqua potabile, cibo non deperibile, kit di pronto soccorso, torce, batterie, coperte e altri articoli essenziali per almeno 72 ore di autonomia.

3. Proteggere l'Abitazione:

- Fissare oggetti pesanti alle pareti, come mobili e scaffali.
- Installare chiavistelli alle porte e ai lucernari per impedire loro di aprirsi durante un terremoto.
- Ispezionare e rinforzare la casa per garantire che sia costruita secondo le normative antisismiche.

4. Preparazione delle Scorte:

- Mantenere le scorte di cibo e acqua fresca ed esaminarle periodicamente.
- Sostituire le batterie dei dispositivi di emergenza, come radio e torce, quando scadono.

5. Evacuazione e Riunione della Famiglia:

- Pianificare e conoscere le vie di evacuazione locali.
- Determinare un punto di incontro sicuro in caso di separazione della famiglia.

6. Comunicazioni di Emergenza:

- Familiarizzarsi con i sistemi di avviso sismico o allarme sismico, se disponibili nella zona.
- Avere dispositivi di comunicazione di emergenza come radio a manovella o a batteria.

7. Formazione e Educazione:

- Partecipare a programmi di formazione sulla preparazione ai terremoti.

- Insegnare ai membri della famiglia come rispondere in modo appropriato durante un terremoto.

8. Pianificazione Comunitaria:

- Coinvolgersi nella comunità locale per sviluppare piani di emergenza e programmi di preparazione.
- Partecipare alle esercitazioni di emergenza per testare la risposta in caso di terremoto.

9. Assicurazione contro i Terremoti:

- Considerare l'acquisto di una polizza assicurativa contro i terremoti per coprire eventuali danni alle proprietà. Queste polizze possono essere particolarmente importanti in regioni ad alto rischio sismico.

10. Agire Durante un Terremoto: -

Durante un terremoto, cerca riparo sotto una superficie resistente e proteggi testa e collo. - Rimani lontano da vetri, specchi, oggetti appesi e luoghi potenzialmente pericolosi. - Dopo il terremoto, ispeziona l'abitazione per eventuali danni strutturali prima di entrare.

11. Pronto Soccorso: - Acquisire conoscenze di base in primo soccorso, come la rianimazione cardiopolmonare (RCP) e la gestione delle ferite.

12. Mantenimento della Calma: - Mantenere la calma e seguire il piano di emergenza familiare. La preparazione contribuirà a ridurre lo stress in situazioni di emergenza.

La preparazione sismica è essenziale per ridurre il rischio sismico personale e contribuire alla sicurezza di tutta la comunità. La cooperazione tra famiglie, comunità e autorità locali è fondamentale per affrontare in modo efficace le emergenze sismiche.

Capitolo 7: Studio di Casi

Ecco due studi di casi che illustrano l'importanza della preparazione e delle costruzioni resistenti ai terremoti:

Terremoto di Loma Prieta del 1989 a San Francisco, Stati Uniti

- Data: 17 ottobre 1989
- Magnitudo: 6,9

Questo terremoto, noto anche come il terremoto del World Series, ha colpito la zona della baia di San Francisco in California. Nonostante la sua magnitudo relativamente moderata, ha causato notevoli danni a causa della sua profondità e della vicinanza a zone densamente popolate. Tuttavia, ci sono stati anche successi notevoli:

Successi:

- L'edificio dell'Interstate 880, un'autostrada a due piani, è collassato a Oakland, ma molte persone sono state salvate grazie agli sforzi di soccorritori e volontari. Questo incidente ha portato a una maggiore attenzione alla progettazione sismica delle infrastrutture.
- L'edificio Embarcadero Center a San Francisco ha mostrato la sua resistenza sismica, dimostrando l'importanza delle costruzioni antisismiche.

Studio del Caso 2: Terremoto e Tsunami del 2011 in Giappone

- Data: 11 marzo 2011
- Magnitudo: 9,0

Questo terremoto, noto anche come il Grande Terremoto dell'Est del Giappone, è stato uno dei terremoti più potenti mai registrati. Ha causato uno tsunami devastante che ha colpito la costa nord-orientale del Giappone e ha portato a gravi danni e perdite di vite umane.

Successi:

- Il Giappone ha una delle infrastrutture di costruzione antisismica più avanzate al mondo. Molte strutture resistenti ai terremoti hanno retto, riducendo i danni e proteggendo la vita umana.
- I sistemi di allarme tsunami e di evacuazione in Giappone hanno contribuito a ridurre le perdite di vite umane da tsunami, dimostrando l'importanza della preparazione e della pianificazione.

Questi casi evidenziano come la preparazione, la progettazione antisismica e la risposta rapida possano fare la differenza nella protezione della vita umana e nella riduzione dei danni causati dai terremoti. Sottolineano anche l'importanza di apprendere dalle esperienze passate per migliorare ulteriormente la preparazione e la resilienza alle catastrofi sismiche.

Terremoti storici famosi

Ci sono stati molti terremoti storici famosi che hanno avuto un impatto significativo sulla storia e sulla geografia delle regioni colpite. Ecco alcuni di essi:

1. **Terremoto di Lisbona (1755):**
   - Data: 1° novembre 1755
   - Magnitudo: Stimata tra 8,5 e 9,0
   - Luogo: Lisbona, Portogallo
   - Questo terremoto è uno dei più distruttivi mai registrati in Europa. Oltre al terremoto, un maremoto e un incendio successivo hanno provocato

perdite di vita e danni significativi. L'evento ha avuto un impatto duraturo sul pensiero filosofico ed è stato oggetto di numerose riflessioni.

2. **Terremoto di Sumatra-Andaman (2004):**
   - Data: 26 dicembre 2004
   - Magnitudo: 9,1-9,3
   - Luogo: Al largo delle coste di Sumatra, Indonesia
   - Questo terremoto ha innescato uno tsunami devastante che si è diffuso attraverso l'Oceano Indiano, colpendo numerose nazioni costiere e causando una delle peggiori catastrofi naturali della storia recente. Le perdite umane sono state stimate in centinaia di migliaia.

3. **Terremoto di San Francisco (1906):**
   - Data: 18 aprile 1906

- Magnitudo: 7,9
- Luogo: San Francisco, California, Stati Uniti
- Questo terremoto e l'incendio che ne è seguito hanno causato gravi danni a San Francisco. La città è stata in gran parte distrutta, con gravi perdite umane e un impatto significativo sulla progettazione antisismica nelle costruzioni future.

4. **Terremoto di Kobe (1995):**
   - Data: 17 gennaio 1995
   - Magnitudo: 6,9
   - Luogo: Kobe, Giappone
   - Questo terremoto ha colpito la regione di Kobe, causando gravi danni e perdite umane. Ha portato a importanti miglioramenti nelle norme antisismiche in Giappone e nella pianificazione di emergenza.

5. Terremoto di Messina (1908):

- Data: 28 dicembre 1908
- Magnitudo: Stimata tra 7,1 e 7,5
- Luogo: Messina, Sicilia, Italia
- Questo terremoto è stato uno dei terremoti più distruttivi nella storia dell'Italia. Ha causato un maremoto che ha colpito la città di Messina e altre comunità costiere. Le perdite umane sono state molto elevate.

Questi sono solo alcuni esempi di terremoti storici famosi. Molti altri eventi sismici hanno avuto un impatto significativo sulla storia e sullo sviluppo di regioni in tutto il mondo.

Capitolo 8: Futuro della Ricerca sui Terremoti

Il futuro della ricerca sui terremoti è promettente e comprende sviluppi in una serie di aree chiave. La scienza sismica continua a evolversi, e ci sono molte sfide e opportunità interessanti per gli scienziati e gli ingegneri.

Le sfide future nello studio dei terremoti

Le sfide future nello studio dei terremoti sono complesse e coinvolgono numerosi aspetti scientifici, tecnologici, sociali ed economici. Ecco alcune tendenze e direzioni che caratterizzeranno il futuro della ricerca sui terremoti:

1. **Avanzamenti nelle Tecnologie di Monitoraggio Sismico:** Le tecnologie di monitoraggio sismico stanno diventando sempre più

sofisticate. Reti di sensori avanzate, inclusi sensori GPS, stazioni sismiche mobili e satelliti, offriranno dati di alta qualità per una migliore comprensione dell'attività sismica.

2. **Allerta Sismica Avanzata:** Gli sforzi per sviluppare sistemi di allerta sismica sempre più precisi e tempestivi saranno una priorità. Questi sistemi forniranno avvisi anticipati per permettere alle persone e alle infrastrutture di prepararsi prima dell'arrivo delle onde sismiche.

3. **Modellizzazione e Simulazioni Avanzate:** Le simulazioni computerizzate e la modellizzazione sismica saranno sempre più utilizzate per prevedere il comportamento sismico delle strutture e delle faglie. Questi modelli consentiranno agli ingegneri di progettare edifici sempre più sicuri e resistenti ai terremoti.

4. **Ricerca sulle Cause dei Terremoti:** La comprensione delle cause dei terremoti, tra cui le faglie sismogeniche e le tensioni delle placche tettoniche, sarà un'area di ricerca cruciale. Questo aiuterà a prevedere meglio l'attività sismica futura.

5. **Terremoti Indotti dall'Uomo:** La ricerca sulle attività umane che possono innescare terremoti, come l'estrazione di petrolio e gas o l'iniezione di fluidi nel sottosuolo, sarà in crescita. Comprendere come queste attività influenzino l'attività sismica sarà fondamentale per la prevenzione dei terremoti indotti.

6. **Comunicazione del Rischio:** Migliorare la comunicazione del rischio sismico alla popolazione sarà una priorità. Le campagne informative e l'educazione pubblica sono essenziali per preparare le persone alla sicurezza sismica.

7. **Cooperazione Globale:** La ricerca sismica è una questione globale, e la cooperazione internazionale sarà fondamentale. La condivisione di dati e conoscenze tra nazioni contribuirà a una comprensione più completa dei terremoti.

8. **Ricerca sui Tsunami Sismici:** La ricerca sui tsunami sismici, come quelli che seguono i terremoti sottomarini, sarà importante per prevedere e mitigare meglio i rischi associati a questi eventi.

9. **Sismologia Planetaria:** La sismologia sarà utilizzata per studiare i terremoti su altri pianeti e corpi celesti, come Marte e la Luna, per comprendere meglio la geologia planetaria.

10. **Innovazioni nella Costruzione:** La ricerca sismica si tradurrà in innovazioni nella progettazione e costruzione di edifici e infrastrutture resistenti ai terremoti.

Complessivamente, il futuro della ricerca sui terremoti mira a migliorare la nostra comprensione di questi eventi, a sviluppare strumenti di previsione più precisi e a ridurre i rischi per la vita umana e le proprietà attraverso la preparazione, la progettazione antisismica e la gestione del rischio sismico.

Innovazioni nella prevenzione sismica

L'innovazione nella prevenzione sismica è cruciale per mitigare i danni causati dai terremoti. Gli sforzi di ricerca e sviluppo hanno portato a diverse innovazioni che migliorano la resistenza delle strutture e la capacità di prevedere e rispondere ai terremoti. Ecco alcune delle innovazioni chiave nella prevenzione sismica:

1. **Isolatori Sismici:** Gli isolatori sismici sono dispositivi installati tra la fondazione di un edificio e la sua struttura per consentire al edificio di scivolare in risposta alle forze sismiche. Questi dispositivi riducono le tensioni sulla struttura e la proteggono dai danni sismici. Gli isolatori sismici sono utilizzati in edifici ad alto rischio sismico, come ospedali e ponti.

2. **Amplificatori di Smorzamento:** Questi dispositivi, come gli smorzatori a base di fluido o magnetici, sono progettati per assorbire e dissipare l'energia sismica, riducendo le oscillazioni e le tensioni in una struttura.

3. **Materiali e Tecniche Innovativi:** Lo sviluppo di materiali da costruzione avanzati, come il calcestruzzo ad alte prestazioni, rinforzato con fibre, e il legno laminato incollato, offre maggiore resistenza sismica. Tecniche innovative, come la stampa

3D di elementi strutturali, stanno diventando sempre più popolari per la costruzione antisismica.

4. **Progettazione Resiliente:** Gli ingegneri stanno adottando approcci di progettazione strutturale che tengono conto delle condizioni sismiche e delle minacce specifiche di una regione. Questo include l'uso di modelli avanzati di simulazione e analisi sismiche.

5. **Normative Antisismiche Migliorate:** I codici edilizi antisismici sono costantemente aggiornati e migliorati per garantire che le nuove costruzioni rispettino standard più rigorosi di resistenza sismica.

6. **Monitoraggio Continuo:** Sistemi di monitoraggio sismico avanzati consentono di rilevare le deformazioni e le vibrazioni di edifici e strutture in tempo reale, consentendo interventi tempestivi in caso di terremoti.

7. **Allerta Sismica:** I sistemi di allerta sismica forniscono avvisi anticipati in caso di terremoto, consentendo alle persone e alle aziende di prendere misure di sicurezza in anticipo.

8. **Innovazioni nell'Edilizia Modulare:** La costruzione modulare sta diventando popolare, consentendo la produzione di elementi strutturali in fabbrica con rigorosi standard antisismici, quindi l'assemblaggio in loco.

9. **Educazione Pubblica e Sensibilizzazione:** La tecnologia moderna, compresi i media digitali e le app mobili, sta aiutando a educare il pubblico sulle misure di sicurezza sismica e sulla preparazione.

10. **Ricerca Scientifica Avanzata:** La ricerca sismica continua a produrre nuove scoperte che guidano le innovazioni nella prevenzione sismica. Ad esempio, la conoscenza delle faglie e delle tensioni

tettoniche sta migliorando costantemente.

Le innovazioni nella prevenzione sismica non solo migliorano la resistenza delle strutture, ma contribuiscono anche a salvare vite umane e a ridurre i danni durante i terremoti. La continua ricerca e sviluppo in questo campo sono essenziali per affrontare le sfide future legate alla sicurezza sismica.

Ruolo della ricerca scientifica nel mitigare i rischi sismici

La ricerca scientifica svolge un ruolo fondamentale nel mitigare i rischi sismici e nell'aumentare la resilienza alle scosse sismiche. Ecco come la ricerca scientifica contribuisce a ridurre i rischi sismici:

1. **Comprensione delle Cause dei Terremoti:** La ricerca sismica aiuta a

comprendere le cause dei terremoti, come la tettonica delle placche, le faglie sismogeniche e le tensioni tettoniche. Questa comprensione è fondamentale per prevedere l'attività sismica futura e identificare le zone a rischio.

2. **Previsione Sismica:** La ricerca scientifica cerca di sviluppare modelli di previsione sismica più accurati. Sebbene la previsione esatta di un terremoto rimanga una sfida, i progressi nella comprensione dei precursori sismici e nella modellizzazione sismica stanno migliorando la nostra capacità di anticipare le scosse sismiche.

3. **Progettazione Antisismica:** La ricerca sulla progettazione antisismica contribuisce a sviluppare edifici e infrastrutture più resistenti ai terremoti. Questo include l'uso di materiali innovativi, sistemi di isolamento sismico e tecniche di progettazione avanzate.

4. **Normative ed Edilizia:** Le raccomandazioni basate sulla ricerca scientifica influenzano la creazione e l'aggiornamento di normative antisismiche nei codici edilizi. Queste normative stabiliscono gli standard minimi per la costruzione di edifici sismicamente sicuri.

5. **Monitoraggio Sismico:** Le reti di sensori sismici avanzate, comprese le stazioni sismiche e i sistemi di allerta sismica, forniscono dati in tempo reale per monitorare l'attività sismica e dare avvisi anticipati in caso di terremoto.

6. **Comunicazione del Rischio:** La ricerca contribuisce a informare il pubblico sul rischio sismico e sulle misure di preparazione. L'educazione pubblica è un componente importante della mitigazione dei rischi sismici.

7. **Gestione del Rischio Sismico:** La ricerca fornisce le basi per lo

sviluppo di piani di gestione del rischio sismico a livello regionale e nazionale. Questi piani includono strategie per la preparazione, la risposta e la ripresa dopo un terremoto.

8. **Innovazioni Tecnologiche:** La ricerca scientifica promuove lo sviluppo di tecnologie avanzate per monitorare e studiare i terremoti. Questo include l'uso di satelliti, droni e strumentazione di rilevamento avanzata.

9. **Ricerca sull'Impatto Sociale ed Economico:** La ricerca scientifica studia l'effetto dei terremoti sulla società, sull'economia e sull'ambiente per sviluppare strategie di mitigazione mirate.

10. **Collaborazione Internazionale:** La cooperazione internazionale nella ricerca sismica favorisce lo scambio di dati e conoscenze tra nazioni, contribuendo a una comprensione

più globale e completa dei rischi sismici.

La ricerca scientifica continua a evolversi, consentendo una migliore comprensione dei terremoti e una più efficace mitigazione dei rischi sismici. Tuttavia, è importante sottolineare che la ricerca deve essere accompagnata da azioni concrete di preparazione, progettazione antisismica e gestione del rischio per massimizzare l'efficacia nel ridurre i danni causati dai terremoti.

Capitolo 9
Conclusioni

In conclusione, i terremoti sono eventi naturali che hanno un impatto significativo sulla vita umana, sull'ambiente e sulle infrastrutture. La ricerca scientifica svolge un ruolo cruciale nel comprendere, prevedere e mitigare i rischi sismici. Grazie alla ricerca, siamo in grado di identificare le cause dei terremoti, prevedere l'attività sismica futura, progettare edifici resistenti ai terremoti e sviluppare piani di gestione del rischio sismico.

Le sfide future nella ricerca sui terremoti includono l'elaborazione di modelli di previsione sempre più accurati, la gestione dei terremoti indotti dall'uomo e l'ottimizzazione della comunicazione del rischio sismico. Tuttavia, l'innovazione tecnologica, l'educazione pubblica e la collaborazione internazionale contribuiranno a mitigare i rischi sismici e a migliorare la sicurezza delle comunità.

La preparazione, la progettazione antisismica e la gestione del rischio rimangono essenziali per ridurre i danni causati dai terremoti. Infine, la ricerca scientifica continuerà a essere uno strumento fondamentale per garantire una maggiore resilienza alle scosse sismiche e per proteggere la vita umana e le proprietà nelle regioni sismiche di tutto il mondo.

Sintesi dei principali punti trattati nel libro

Ecco una sintesi dei principali punti trattati nel libro sulla sismologia e sui terremoti:

1. **Introduzione ai Terremoti:** Il libro inizia con una panoramica generale dei terremoti, definendoli come movimenti improvvisi della crosta terrestre causati da tensioni accumulate.
2. **Definizione di un Terremoto:** Viene fornita una chiara definizione di un terremoto, spiegando come si verificano le scosse sismiche e cosa le causa.
3. **Importanza dello Studio dei Terremoti:** Si mette in evidenza l'importanza della ricerca sismica nella comprensione dei terremoti,

nella prevenzione dei rischi e nella protezione delle comunità.

4. **Storia dei Terremoti e il loro Impatto sulla Società:** Vengono presentati casi storici di terremoti noti e il loro impatto sulla società, evidenziando la necessità di preparazione e resilienza.

5. **Teoria della Tettonica delle Placche:** Viene descritta la teoria della tettonica delle placche, che spiega come le placche tettoniche interagiscono e causano terremoti.

6. **Margini Convergenti, Divergenti e Trasformi:** Vengono spiegate le diverse tipologie di margini delle placche, come convergenti, divergenti e trasformi, e il ruolo che svolgono nella generazione di terremoti.

7. **Genesi di un Terremoto:** Si discute del ciclo sismico, includendo il processo di accumulo di stress, la

rottura della faglia e la scossa sismica.

8. **Classificazione dei Terremoti:** Vengono presentate le diverse classificazioni dei terremoti in base alla magnitudo e all'intensità.

9. **Cause dei Terremoti:** Si esaminano le cause dei terremoti, comprese le forze tettoniche, i terremoti vulcanici e quelli indotti dall'attività umana.

10. **Monitoraggio e Previsione dei Terremoti:** Si affronta il monitoraggio sismico e le tecnologie utilizzate per prevedere le scosse sismiche.

11. **Probabilità e Rischi Sismici:** Si spiega come valutare il rischio sismico in una determinata area e la probabilità di un terremoto.

12. **Costruzioni Resistenti ai Terremoti:** Si esaminano le innovazioni nella progettazione antisismica e nella costruzione di edifici resistenti ai terremoti.

13. **Pianificazione di Emergenza e Preparazione:** Vengono discussi i passi per la pianificazione di emergenza, la creazione di kit di sopravvivenza e l'importanza della formazione sulle procedure di sicurezza.

14. **Ricerca Scientifica e il Futuro della Sismologia:** Si mette in luce il ruolo cruciale della ricerca scientifica nella mitigazione dei rischi sismici e si esplorano le tendenze future nella sismologia.

La conoscenza di questi concetti chiave è fondamentale per comprendere, prevenire e affrontare il rischio sismico, contribuendo alla sicurezza delle comunità e delle strutture nelle regioni sismiche.

Riflessioni sull'importanza di comprendere i terremoti

La comprensione dei terremoti è di vitale importanza per diverse ragioni, e riflettere su questo argomento può aiutare a comprendere appieno l'importanza di questo campo di studio. Ecco alcune riflessioni sull'importanza di comprendere i terremoti:

1. **Protezione della Vita Umana:** I terremoti possono avere un impatto devastante sulla vita umana, causando morti e ferite. Comprendere i terremoti e le relative cause permette alle persone di adottare misure di sicurezza, riducendo il rischio di perdite umane.

2. **Salvaguardia delle Proprietà:** I terremoti possono causare danni considerevoli alle abitazioni, alle infrastrutture e alle aziende. La conoscenza degli effetti sismici e delle tecniche di progettazione

antisismica contribuisce a proteggere le proprietà.

3. **Pianificazione del Rischio:** La comprensione dei rischi sismici è fondamentale per la pianificazione urbana e la gestione del territorio. Questo può aiutare a evitare la costruzione in aree ad alto rischio sismico o a implementare misure di mitigazione.

4. **Riduzione dei Danni:** La ricerca sui terremoti contribuisce a sviluppare tecnologie e metodi di costruzione che riducono l'impatto dei terremoti. Questo significa una maggiore resilienza delle comunità.

5. **Preparazione e Risposta:** Conoscere come prepararsi e rispondere a un terremoto è essenziale. Le comunità ben addestrate sono più in grado di affrontare un terremoto con calma e di fornire assistenza in caso di emergenza.

6. **Miglioramento della Previsione:** La comprensione delle cause dei terremoti e dei precursori sismici contribuisce a migliorare la previsione delle scosse sismiche, fornendo avvisi anticipati.

7. **Ricerca Scientifica e Innovazione:** La ricerca sui terremoti alimenta l'innovazione, portando a nuove tecnologie, materiali e tecniche di progettazione antisismica.

8. **Sensibilizzazione Pubblica:** Comprendere i terremoti è importante per educare il pubblico sulle misure di sicurezza sismica. La sensibilizzazione pubblica è fondamentale per la preparazione e la protezione delle comunità.

9. **Cooperazione Globale:** Poiché i terremoti non conoscono confini, la comprensione dei terremoti richiede una collaborazione globale e la condivisione di dati e conoscenze tra nazioni.

10.**Studio delle Scienze della Terra:**
Gli terremoti sono un campo di studio essenziale per le scienze della Terra, aiutando gli scienziati a comprendere meglio il pianeta e le sue dinamiche.

In sintesi, la comprensione dei terremoti è cruciale per la sicurezza umana, la protezione delle proprietà e lo sviluppo sostenibile delle comunità. È un campo di studio multidisciplinare che richiede la collaborazione tra scienziati, ingegneri, urbanisti, autorità e il pubblico al fine di ridurre i rischi sismici e aumentare la resilienza alle scosse sismiche.

Glossario

Ecco un glossario di alcuni termini chiave utilizzati nell'ambito della sismologia e dei terremoti:

1. **Terremoto:** Un evento improvviso e violento che causa scuotimenti o vibrazioni della crosta terrestre a causa del rilascio di energia accumulata.

2. **Epicentro:** Il punto sulla superficie terrestre direttamente sopra il punto di origine di un terremoto, noto come il focus.

3. **Focus:** Il punto in profondità sotto la superficie terrestre in cui si verifica l'origine di un terremoto.

4. **Scossa Sismica:** Le vibrazioni o il movimento della terra causati da un terremoto.

5. **Magnitudo:** Una misura della grandezza di un terremoto, spesso espressa con il valore "M" seguito da un numero. La scala di magnitudo più comune è la scala Richter.

6. **Intensità:** Una misura della forza di un terremoto in un'area specifica, spesso valutata sulla scala di Mercalli o su altre scale di intensità.

7. **Tettonica delle Placche:** La teoria che spiega come le placche tettoniche della crosta terrestre si muovano e interagiscano, causando terremoti, vulcani e formazione di montagne.

8. **Faglia Sismogenica:** Una zona di una faglia geologica in cui si accumulano tensioni che possono causare un terremoto quando vengono rilasciate.

9. **Margini Convergenti:** Margini delle placche dove due placche si muovono l'una verso l'altra. Questa interazione può causare terremoti.

10. **Margini Divergenti:** Margini delle placche dove due placche si allontanano l'una dall'altra. Questa interazione può causare terremoti sottomarini.

11. **Margini Trasformi:** Margini delle placche in cui due placche scivolano lateralmente l'una rispetto all'altra.

Questa interazione può causare terremoti lungo faglie trasformi.

12. **Isolatore Sismico:** Un dispositivo progettato per ridurre il trasferimento di energia sismica a una struttura, proteggendola dai danni sismici.

13. **Progettazione Antisismica:** L'ingegneria strutturale che tiene conto delle forze sismiche per progettare edifici e infrastrutture resistenti ai terremoti.

14. **Tsunami:** Una serie di onde oceaniche a lunga distanza causate spesso da terremoti sottomarini o da eruzioni vulcaniche sottomarine.

15. **Sismometro:** Uno strumento utilizzato per misurare le vibrazioni e le onde sismiche generate da un terremoto.

16. **Avviso Sismico:** Un sistema che fornisce avvisi anticipati in caso di terremoto, consentendo alle persone di prendere misure di sicurezza.

17. **Rischio Sismico:** La probabilità di un terremoto in una determinata area e il potenziale impatto su persone e proprietà.

18. **Kit di Emergenza:** Un insieme di forniture essenziali e attrezzature raccolte in previsione di un terremoto o di altre situazioni di emergenza.

19. **Ricerca Sismica:** Lo studio scientifico dei terremoti e delle relative cause, effetti e mitigazione.

20. **Previsione Sismica:** Gli sforzi per stimare quando e dove potrebbe verificarsi un terremoto in futuro.

Questi sono solo alcuni dei termini chiave utilizzati nell'ambito della sismologia e dei terremoti. La comprensione di questi termini è fondamentale per affrontare il rischio sismico in modo efficace.

Bibliografia

1.

2. le basi, la teoria e le applicazioni pratiche.
3. "Introduction to Seismology" di Peter M. Shearer - Un'introduzione chiara e ben strutturata alla sismologia.
4. "Earthquakes" di Bruce A. Bolt - Un libro di divulgazione che fornisce una panoramica accessibile dei terremoti e della loro scienza.
5. "The Solid Earth: An Introduction to Global Geophysics" di C.M.R. Fowler - Questo testo copre un'ampia gamma di argomenti geofisici, inclusi i terremoti.
6. "Earthquake Geotechnical Engineering" di Michele Maugeri - Questo libro si concentra sugli aspetti geotecnici e ingegneristici dei terremoti.
7. Siti Web e risorse online come il Servizio Geologico degli Stati Uniti (USGS) e l'Unione Sismologica Internazionale (IASPEI) offrono dati e

informazioni aggiornate sulla sismologia.

Ti consiglio di consultare queste fonti e di esplorare ulteriormente la letteratura scientifica e le risorse accademiche per approfondire la tua comprensione dei terremoti e della sismologia.